动物狂想曲

森林侦探事件簿

〔日〕一日一种◎著
李庄◎译

U0159207

北京日报出版社

自然界

这里有超过 800 万种物种，生物们日复一日地……

在这里展开生存竞争。

它们有时彼此争斗……

有时互相欺骗……

有时互相帮助。

错综复杂的关系交织在一起。

在生态系统中，还有数不胜数的未解谜题和惨不忍睹的残酷事件正在发生。

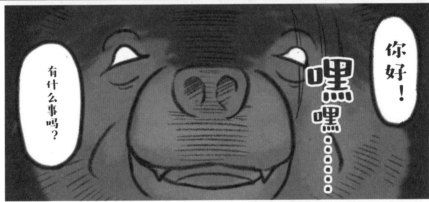

目录

温暖的季节

炎热的季节

凉爽的季节

怎么阅读事件簿呢？

事件簿标题
所有事件都是由残酷侦探命名的哦！

案发现场
除了森林伙伴拍摄的案发现场照片之外，有时残酷侦探和助手团子也会亲自拍摄。

墨迹
残酷侦探不小心洒上去的……

作案时刻
由残酷侦探解说犯罪时的恐怖场景。

被害人档案
记录它们生前活泼可爱的样子。

凶手档案
暴露在侦探眼皮子底下的凶手模样。

残酷小知识
残酷侦探介绍相关的生物小知识，以便读者更加深入地了解事实。

漫画"彩蛋"
记录生物们的日常趣事。

注意事项
阅读时需要注意的地方。
经常在描述残酷事件的案发现场时出现哦。

《森林侦探事件簿》
是什么？

  事件簿中记录了自然界中接二连三发生的残酷的生物事件。

  自然界中的生物们为了活下去，有时会吃掉其他生物，有时又会利用其他生物。或许在人类看来，这确实残酷。

  但是，在人类看来残酷的事件，生物们却早已习以为常。背阴地里的鸟的羽毛，散落一地的昆虫壳，这些生物事件背后隐藏着怎样的秘密呢？

  事件簿中记录了残酷却又值得探究的生物行为，让我们一探究竟吧！

登场的主角

残酷侦探（日本松鼠）

侦探先生发现残酷事件之后，便会立即赶往现场，观察生物们各种各样的行为。残酷事件背后的真相都逃不过他的法眼。但是，他为什么会成为残酷侦探呢？迄今为止无人知晓……

住　处：森林

大　小：体长约 20 厘米

备　注：花栗鼠需要冬眠，而日本松鼠不需要冬眠哦。

徽章
传说中的残酷侦探代代相传的徽章。

大脑
装满了在残酷的自然界中学到的知识。

放大镜
有了这个放大镜，任何蛛丝马迹都逃不出他的法眼。

温暖的内心
虽然长相看起来很凶，但是有一颗处处为他人着想的心。

锋利的爪子
它的爪子能抓住任何生物，却几乎没派上用场。

助手团子（日本黑熊）

团子是一个有点胆小的"冒失鬼"，但是内心十分温柔。他的苦恼就是，因为看起来很凶，他常常会吓到森林里的生物。他最喜欢的食物是刚刚发芽的款冬花茎。对他来说，冬天有点难熬，所以进入冬季后它就会冬眠。

住　处：森林

大　小：身高约 1.5 米

备　注：只生活在日本的本州和四国地区的黑熊。

残酷侦探教给我们的生物用语集

在阅读本书之前，我们应当提前了解一下这些用语。

授粉

 团子，你知道植物是怎样孕育种子的吗？

 啊，你又问了我这个问题，那到底是怎么回事呢？

 花朵中有雄蕊和雌蕊两个部分。为了孕育种子，需要将雄蕊上的花粉播撒到雌蕊上。

 但是，植物又不像动物一样可以自由移动，那么花粉是怎么从雄蕊转移到雌蕊上的呢？

 所以你才会看到花丛中活跃着许多小昆虫呀！举个例子，蜜蜂在采集花蜜的时候一般会停留在花朵上，这时花就会把花粉沾在蜜蜂身上。当蜜蜂再飞到其他花朵上采蜜时，就能把刚才沾到的花粉转移到这朵花的到雌蕊上啦。

 原来是这样！蜜蜂在采集花蜜的同时，也会帮助花朵授粉呀。

交配

植物是通过授粉来孕育种子的。而大多数动物是将雄性的"精子"送入雌性体内，继而完成受精和繁殖的。这种行为被称为"交配"。

所以，无论是动物还是植物，都是通过雄性和雌性的结合来孕育新生命啊！

实际上，有的生物并不分雌雄。

啊！都有什么生物呢？

比如，蚯蚓就没有性别一说，是一种雌雄同体的生物。

至于交配方式，不同动物也不太一样哦。

光合作用

动物通过吃食物来获取生存所需的能量。

是呀，是呀！我最喜欢吃款冬花茎啦！

先不说团子爱吃什么……植物不需要吃东西，它们吸收太阳光就能产生能量。这个过程被称为"光合作用"。

啊！吸收太阳光从而产生能量，这到底是怎么一回事呀？

我们在养植物的时候，需要给它们浇水，对不对？植物在太阳光的照射下，把水和空气中的二氧化碳进行分解，从而合成淀粉等营养成分哦。

那……植物们是不是很喜欢阳光？就像我喜欢款冬花茎一样。

或许是这样吧。

乌蔹莓

寄生

所谓的寄生，指的是一种生物生活在另一种生物的体内或体表，以汲取营养，维持生存。

钻入身体里面？！这也太残忍了吧！太痛了！这是怎么做到的呢？

例如：把卵产在寄生的生物身上，或者通过嘴巴钻入寄生生物体内……

啊！！！

被寄生的生物也会有各种各样的不适，所以我们必须多加注意哦。

这也太恐怖了……

另外说一句，在残酷事件中有不少是跟寄生有关的哦，请多多给予关注。

温暖的季节

事件簿伊始

侦探和助手在前往案发现场的路上。

唰——唰——
嗷——嗷

啊！

这是刚刚发芽的款冬花茎。

太有春天的气息了呀！

我才刚刚结束冬眠。

请走这边。

稍有苦涩的春日气息呢。

唔嘛唔嘛

那个……侦探先生！

不要在路上耽误时间啦！

蠼螋　七零八落事件（第1弹）

啊！！！

被害人是正在养育幼虫的母蠼螋。

案发现场的状况

正在养育幼虫的母蠼螋，其身体七零八落，幼虫更是下落不明。

被害人档案

名字：母蠼螋

住处：潮湿、阴暗的场所

大小：体长约 1.5 厘米

备注：其扁平状的身体，可以很好地适应狭小的生存环境

蠼（qú）螋（sōu）

凶手竟然是孩子们！
它们把母亲的身体作为饵食吃掉了！！！

众所周知，一般母蠼螋会拼尽全力护卵育幼。它们自产卵之后的几十天内不出巢穴，也不吃任何食物，一心一意地保护自己的卵。

不仅如此，在有些时候母亲会让孩子们把自己的身体吃掉。虽然这听起来很残酷，但是因为母亲的牺牲，孩子们被饿死的风险也大大降低。

蠼螋的尾巴尖上有螯，当它们威吓别人的时候，就会像蝎子一样把螯立起来。

母螳螂如此坚强

竟然要把自己的母亲吃掉，这也太残酷了。

啊！稍等一下。

疼死我了！

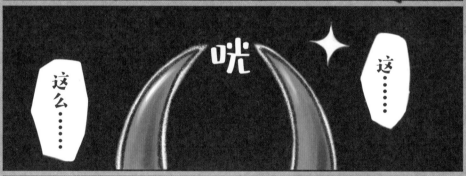

咣

这……

这么……

都已经如此衰弱不堪了，还在努力保护孩子。

这是母螳螂的本能。

蟾蜍 勒死事件

这可麻烦了!

体型偏大，应该是雌蟾蜍。雌蟾蜍是十分受欢迎的哦。

案发现场的状况

蟾蜍们刚刚从冬眠中苏醒过来，其中发现了一只死掉的雌蟾蜍，不知是被什么东西勒死的。

被害人档案

名字: 雌蟾蜍

住处: 农田或者森林中的隐蔽处

大小: 体长约 13 厘米

备注: 眼睛后侧的腮腺会分泌毒素

蟾 (chán) 蜍 (chú)

凶手是雄蟾蜍！雄蟾蜍将雌蟾蜍包围，将其勒死。

嘣！

进入春天，蟾蜍们结束冬眠之后，就会进入繁殖期。它们会一起去池塘，但是池塘里雄蟾蜍很多，雌蟾蜍很少。

因此，雄蟾蜍都争先恐后地抢夺雌蟾蜍，争取交配的机会，这就会引发"蟾蜍合战"。因为雄蟾蜍的力气很大，所以有时候会一不小心勒死雌蟾蜍。

因为池塘里的雌蟾蜍数量较少，而且每个季节只能产卵一次，所以雄蟾蜍抢夺雌蟾蜍堪称是一场大战。

第 2 次剧情逆转

那边！其他的案发现场还有可疑的身影……

呜

啊啊啊！好可怕！

提醒一下，蟾蜍身上有毒，一定要多加小心！

2 1

又是雌蟾蜍吧？

啊？

不是的！

侦探先生，这边也发生了恐怖的事件。

因为它刚才把蟾蜍吃掉了。

这是一条狗狗。

* 虽然是少见情况，但是狗狗吃掉蟾蜍之后可能会中毒，因此还是要多加注意呀。

黑尾鸥 接连死去事件

为什么周围的小伙伴们都是一副视而不见的样子呢？

好像是头部受伤了……

案发现场的状况

在黑尾鸥群居的一带，小黑尾鸥不知遭受了什么袭击，接二连三地死掉了。

被害人档案

名字： 黑尾鸥

住处： 岛上或半岛的海礁

大小：（成鸟）体长约 45 厘米

备注： 海鸥的叫声是"欧欧"，黑尾鸥的叫声是"喵喵"

凶手是其他的成年黑尾鸥。它们会攻击闯入自家地盘的小黑尾鸥。

黑尾鸥只在岛上或者半岛的礁石上进行繁殖。因此，在一些繁殖地带上全是黑尾鸥，所以它们之间经常因为饵食或地盘发生抢夺战。假如小黑尾鸥一不小心闯入其他成年黑尾鸥的地盘，那么这些成年黑尾鸥就会袭击它们。

成年黑尾鸥的攻击十分猛烈，还会用喙去啄小黑尾鸥的脑袋。大多数受到攻击的小黑尾鸥常常一命呜呼。

日本青森县的"芜岛"因作为黑尾鸥的繁殖地而出名。岛上有很多黑尾鸥，因为数量实在太庞大了，所以每个黑尾鸥家庭的平均地盘很小，半径仅为 40~50 厘米。

繁殖团体（聚居处）的规则

黑尾鸥的领地意识很强烈，那为什么还要聚居在一起呢？

理由有很多啦。比如说，遇到天敌的时候，可以进行团体防御。

而是因为聚在一起有好处，所以才在一起。

黑尾鸥并非因为关系好才聚到一起。

虽说那只小黑尾鸥并不知道……

但还是闯入了其他家庭的地盘。

袭击小黑尾鸥的黑尾鸥，也是出于保护自家地盘才这样做的。

呜……真是一个毫不留情的世界呀。

蕈蚊 大量监禁事件

蕈蚊一直在马不停蹄地寻找"蘑菇"哦。

"蘑菇"就是本次事件的线索。

案发现场的状况

大量的蕈蚊莫名其妙地失踪了！在集全力搜索之后发现，它们竟然被监禁起来了。

被害人档案

名字： 蕈蚊

住处： 腐烂的植物周围

大小： 体长约 1~3 毫米

备注： 喜欢阴暗、潮湿的地方

蕈（xùn）蚊

凶手是天南星！
利用蘑菇的香味引诱蕈蚊，
再把它们关在里面。

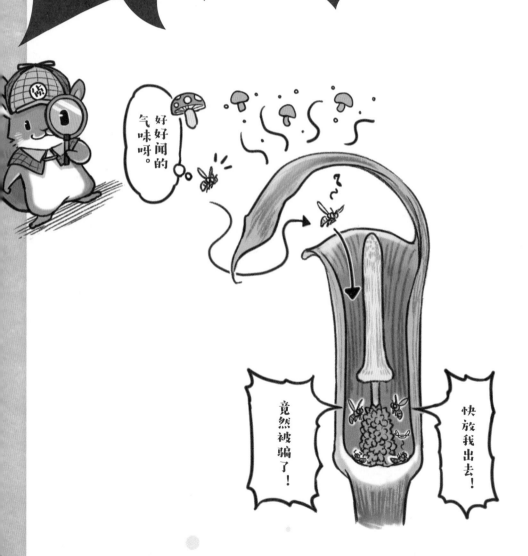

有一种说法是，天南星可以散发出蘑菇的气味。蕈蚊被这种气味所吸引，从而进入天南星的花中。如果是雄花，会把花粉沾到蕈蚊身上，然后直接把它们从下面的小洞中放出去。接下来，如果蕈蚊进入雌花的话，那么之前沾到的花粉就会落到雌蕊上，这样一来，天南星就受粉成功啦！

但是，雌花没有出口，蕈蚊只能被困在雌花体内，慢慢死去。

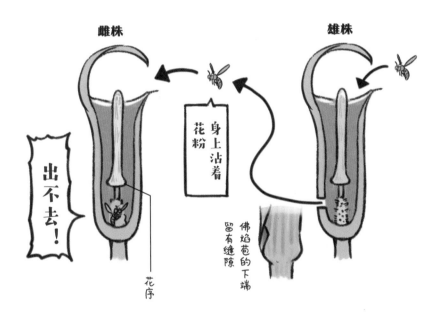

雌株

雄株

出不去！

身上沾着花粉

佛焰苞的下端留有缝隙

花序

凶手档案

名字：天南星

住处：湿润的森林或者树林

大小：高约 1 米

备注：根据营养状态而分雌雄

因为在花的入口处长有花序，所以也不能从入口处出去。

不能吃的天南星

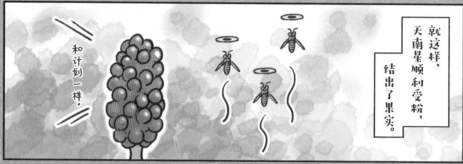

就这样，天南星顺利受粉，结出了果实。

和计划一样。

啊！这果子看起来很美味呀！

大口大口地吃

鹎

太难吃啦！

和计划一样。

呼呼呼——

扑哧！

虽然很想让动物们帮忙运送种子……

如果被哪只鹎吃掉就完蛋了……所以天南星会在外表面上涂抹毒素。

这得多么不信任周围的小伙伴呀……

*天南星是有毒的！

白蚁王后 孤独至死事件

白蚁王后应该一直被白蚁包围着才对呀？

噗……

这位王后一年到头都在产卵呢。

案发现场的状况

发现白蚁（家白蚁）王后一人孤独至死。王后明明有那么多孩子，这到底是为什么呢？

被害人档案

名字： 白蚁王后

住处： 木材中

大小： 体长约 3 厘米

备注： 白蚁把木材啃光之后，就会搬家

因为白蚁王后不能产卵了，所以被无情地抛弃。

白蚁王后竟然被工蚁搁置在一旁？

↑
白蚁王后
不能活动了。

啊？
你们不带我
一起走吗？

家白蚁虽然叫作白蚁，却是蟑螂的同类，跟蚂蚁是不同的生物。但是从社会性上来说，家白蚁和蚂蚁是一样的，白蚁王后也会受到工蚁的万千宠爱。

白蚁王后的工作就是产卵。但是，随着年龄越来越大，它的产卵数量也会随之下降。

于是，工蚁们会把白蚁王后搁置在一旁，让王后孤独至死。

搬家 搬家

沙沙沙

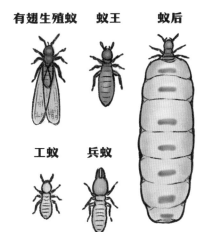

有翅生殖蚁　蚁王　　蚁后

工蚁　　兵蚁

家白蚁会分为工蚁、兵蚁和有翅生殖蚁，各自成长。雄翅蚁和雌翅蚁结对之后，就会脱掉翅膀，分别成为白蚁王后和白蚁王。

王后继承人

是我们产卵！

那么，之后是谁负责产卵呢？

王后已经不产卵了，也没有办法呀。

我们就这样把王后丢在那里，真的好吗？

砰 砰 砰！

不是的……

虽然我们长得很像，但我们是副蚁后！

啊？王后在说话吗？

王后

王后

但是，副蚁后只能进行单性生殖。

也就是说，副蚁后是蚁后的克隆体，与蚁后拥有同样的基因。

因为白蚁王后和蚁王进行有性生殖，所以才有了工蚁们。

用力用力

因此，就算白蚁王后死掉了……

它的基因仍然能够存续。

蚂蚁 抛尸事件

啊！竟然在飞？

丢——

案发现场是淋不到雨的沙地。

案发现场的状况

本次的被害人是蚂蚁。在干燥的沙地上，蚂蚁横尸遍野。这一带因陷阱众多而出名。

被害人档案

名字: 蚂蚁

住处: 草原或者居民区

大小: 体长约 5 毫米

备注: 有些种类的蚁巢里，可能有多位蚁后

凶手是蚁蛉（幼虫）！
它先用陷阱捕捉蚂蚁，
然后将其吃掉！

蚁蛉的幼虫叫作蚁狮。蚁狮会掘开沙子，挖洞，设置陷阱。而且，它们会潜伏在洞底的正中央，抓住落入陷阱的蚂蚁等，然后吸食它们的体液。虽说一旦落入蚁狮的陷阱就难逃一死，但是最后"虎口脱险"的生物也不少。因此，除了设置陷阱用以捕食，有的蚁狮还会伪装成与周围环境一样的形态，伺机捕食猎物。

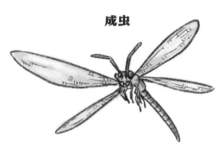

成虫

蚁狮会在干燥的地表下建造漏斗状的陷阱，捕食滑入坑底的昆虫。因此，它们会把巢穴建在不会被雨淋到的沙地之下。

凶手档案

名字：蚁狮（蚁蛉的幼虫）

住处：干燥的沙地

大小：体长约 1 厘米

备注：蚁狮不仅吃蚂蚁，还会吃其他落进陷阱的虫子

吃完了就会往外丢

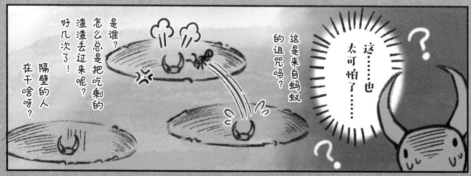

蟑螂 僵尸化事件

蟑螂尸体堆积成的小山竟然在动！有"僵尸"啊！

尸体下面貌似有什么东西……

案发现场的状况

非常多的蟑螂尸体堆积成一座小山。而且，那座小山竟然还在移动！

被害人档案

名字：蟑螂

住处：植物树叶的背面

大小：体长约 2 毫米

备注：依靠吸食植物的汁液生存

『僵尸』的真面目竟然是草蛉的幼虫！

为了进行伪装，所以背着如此多的尸体！

草蛉的幼虫会吸食蟑螂等小生物的体液，还会背着嘎啦嘎啦作响的蟑螂尸体。

有人认为这是它们为了防止天敌的袭击而伪装自己的方式。

除了蟑螂的尸体之外，草蛉的幼虫还会在自己身上沾满尘土或者木屑。令人意外的是，它们什么都能沾。

草蛉（líng）

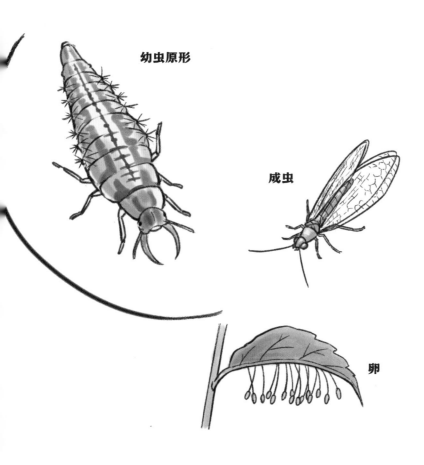

幼虫原形

成虫

卵

凶手档案

名字： 草蛉的幼虫

住处： 低矮的树木或草上

大小： 体长约 1 厘米

备注： 有种说法是，因为草蛉的幼虫太臭了，所以草蛉也被称为"臭蛉"

草蛉的卵也被称为"优昙陀罗花"。因为草蛉的卵细细长长，形态十分美丽，所以被比作传说中3000 年才开一次花的优昙花。

蜉蝣目的昆虫们

草蛉和蚁蛉是什么关系?

嗯?

这次来讲一讲草蛉的幼虫。

另外补充一句,以短命而出名的蜉蝣又是另一种类哦。

这也太复杂了吧。

它们俩的名字倒是挺像的……

上次讲的是蚁蛉,这次讲的是草蛉。

这是不同的种类哦。

蜉蝣目	脉翅目	
	草蛉（本集中的凶手）	蚁蛉
成虫的寿命只有几个小时	背着垃圾	蚁狮
幼虫生活在水中	草蛉的卵	地下产卵

树木 折断事件

枯树上面有被紧勒过的痕迹!

这一带草木丛生，很难见到太阳。

案发现场的状况

有一棵树枯萎之后倒在地上，树皮上还有被什么东西勒过的痕迹。

被害人档案

名字: 树

住处: 土地之上

大小: 不同种类的高度不同

备注: 喜阳

凶手是藤本植物！

它们用藤蔓把树给勒死了。

植物通过光合作用生长。但是，在植物密集丛生的地方，高大且树冠茂盛的树木会遮挡住阳光。因此，植物需要增加自己的高度。

另一方面，藤本植物把藤蔓作为自己的身体，将其不断拉长，缠绕在其他树木身上，这样一来，就能快速获得光照。

但是，被藤蔓所缠绕的树却可能面临被勒死的危险。

乌蔹莓

身边常见的乌蔹莓也是藤本植物，乌蔹莓会把自己的藤蔓拼命伸长。

凶手档案

名字：藤蔓

住处：较低的山丘和平地

大小：高约 10 厘米

备注：有的藤蔓往右绕，有的藤蔓往左绕

乌蔹 (liǎn) 莓

残酷的阳光争夺战

很久很久以前，在不断的进化过程中，出现了各种各样的树木。

针叶树向上！总之要拼命向上！

阔叶树 空间的利用"小能手"！

各种树木为了争夺阳光而爆发了激烈的竞争。

为了能够向上生长，争取到更多的阳光，必须付出巨大的代价。

但就在这时，出现了——

"阳光"市场处于饱和状态。

藤本植物

藤本植物利用现有的树木不断缠绕，将付出的代价控制在最小范围。

咻 咻

也就是说……藤本植物并不是为了杀死树木才缠绕在它们身上的哦。

不行了，我已经……

咦？

两败俱伤

被缠绕的树木一旦枯萎的话，藤本植物也就活不成了……

花蛤肉 失踪事件

壳上竟然有个小洞！

这就是事件的线索！

案发现场的状况

本次的案件是花蛤肉消失了！花蛤只剩下空壳，里面的肉已经不见踪影，一部分壳上面还有小洞！

被害人档案

名字：花蛤

住处：潮滩等地带

大小：宽约 3 厘米

备注：每只花蛤每天大约可以过滤 10 升水

凶手是扁玉螺！扁玉螺在花蛤身上打了洞，然后把花蛤肉吸出来。

　　扁玉螺住在离海岸线较近的浅滩上。赶海的时候会见到扁玉螺哦！扁玉螺壳的边缘闪闪发光，并且会像液体一样扩展，所以看上去可能有点吓人。

　　扁玉螺还拥有像锉刀一样的齿舌，它们用这副齿舌在花蛤身上开洞，再把花蛤肉吸出来吃掉。虽然听起来有些残酷，但这也是扁玉螺的生存策略呀！

去赶海的时候发现，几乎所有的花蛤都被扁玉螺吃掉了。这个也是，那个也是……

齿舌

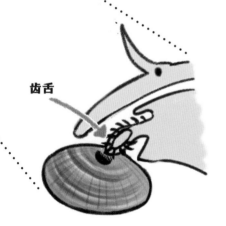

凶手档案

名字：扁玉螺

住处：潮滩等地带

大小：宽约 5 厘米

备注：根据生存环境不同，贝壳形状也有所变化

对水产业也带来严重影响

* 近年来，日本因为花蛤受害而导致停止赶海的事件不断增加。

菜青虫 外星人化事件

案发现场的状况

菜青虫（白纹蝶幼虫）的身体冒出来好多其他生物！这到底是什么东西？

被害人档案

名字： 菜青虫（白纹蝶幼虫）

住处： 卷心菜农田

大小： 体长约 3 厘米

备注： 喜欢吃卷心菜

凶手是小茧蜂！
小茧蜂寄生在菜青虫身上，蚕食菜青虫的身体。

产卵

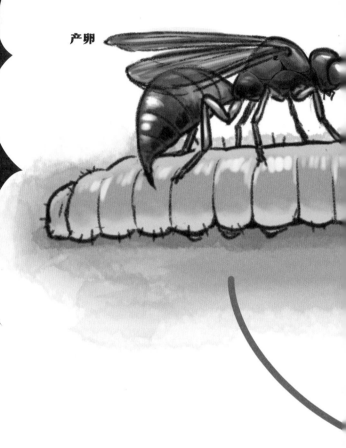

卷心菜被菜青虫咬过之后，会释放出一种叫"开洛蒙"[※]的物质。

小茧蜂这种寄生蜂在闻到开洛蒙的气味之后，会寻着气味而去，并在菜青虫身上产卵。

产卵的数量一般为几十个。卵在菜青虫体内孵化，这个过程大约需要 14 天的时间，期间卵一直在菜青虫体内汲取营养。

而且，它们会在即将成茧的时候，一下子冒出来！

※ 即 kairomones，音译为开洛蒙，是一种生物释放的，对产生气味者不利，却对接收气味者有利的化学物质。

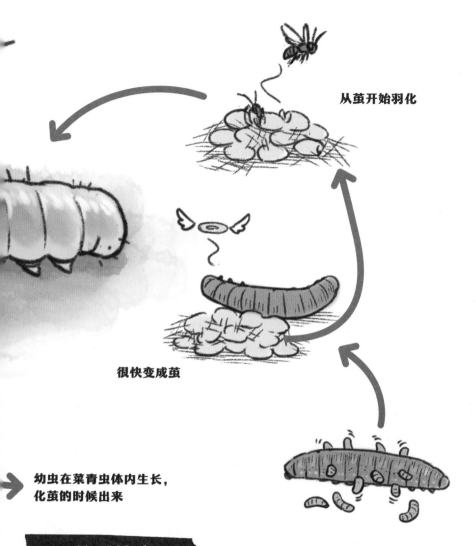

从茧开始羽化

很快变成茧

幼虫在菜青虫体内生长，化茧的时候出来

凶手档案

名字： 小茧蜂

住处： 幼虫生活在菜青虫体内

大小： 体长约 3 毫米

备注： 成蛹之后，大约 7 天长为成虫

几乎所有的白纹蝶的幼虫都会受到各种各样的伤害。因此，只有极少的白纹蝶的幼虫能成长为成虫。寄生蜂之所以可以找到菜青虫，是因为卷心菜被菜青虫咬过之后，会释放出特殊的化学物质。

如果寄生蜂消失的话

化学物质
开洛蒙

嚼嚼

卷心菜被菜青虫咬过之后，会释放出特殊的化学物质。

哦，找到了。

寄生蜂会循着这种气味去寻找菜青虫。这样更容易找到菜青虫。

这种物质更像是植物的求救信号。

乱蓬蓬

乱蓬蓬

乱蓬蓬

乱蓬蓬

乱蓬蓬

乱蓬蓬

如果寄生蜂或者天敌消失的话，蝶的数量会急剧增加。

然后青虫吃光。植物会被

咻咻

咻

最终，蝶本身也会自取灭亡。

双方都在互相维持着平衡呀。

044

炎热的季节

团子为什么成了助手？

独角仙 七零八落事件 （第2弹）

蜕皮？

昆虫的成虫是不会蜕皮的哦。

案发现场的状况

独角仙的尸体七零八落，只剩下零散的外壳，里面却空空如也。

被害人档案

名字：独角仙

住处：枯树叶下面或麻栎树上

备注：食用麻栎或者柳树的甘甜树液

凶手是鹰鸮！
鹰鸮把独角仙的肉吃掉之后，就把坚硬的外壳丢在一边。

鹰鸮（xiāo）

鹰鸮是鸮的同类，主要食用昆虫或其他小动物等。

大多数鸟类会把食物一口吞下，但鹰鸮是天生的美食家。

鹰鸮在吃昆虫时，会巧妙地避开坚硬的外壳，只吃其中柔软的肉。

在人少的地方，如果你看到树下面散落着许多昆虫的外壳，你首先怀疑鹰鸮就对了。

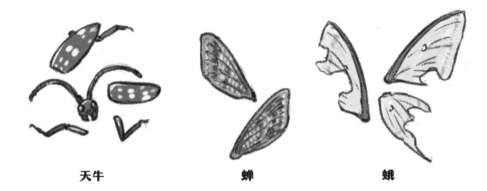

天牛　　　　　　　　蝉　　　　　　　　蛾

凶手档案

名字：**鹰鸮**

住处：**树洞等地方**

大小：**全长约 30 厘米**

备注：**在日本，只有夏季才会出现的候鸟（冲绳除外）；在中国北方，鹰鸮为夏候鸟，在南方为留鸟。**

春天和初夏时节，金龟子等甲虫较少，所以鹰鸮也会吃蛾等昆虫。

就连昆虫界的王者也……

鸟蛋 接连滚落事件

鸟蛋都碎了啊！
黏糊糊的……

鸟窝里就只剩一只，
刚孵化呢……

案发现场的状况

大苇莺的雏鸟有一只孵化了，但是其余的鸟蛋都从树上掉下来摔碎了。仅剩的那只正茁壮成长！

被害人档案

名字：大苇莺

住处：河边的芦原苇丛地方

大小：（成鸟）体长约 19 厘米

备注：大苇莺的叫声是"苇苇苇"的声音，所以另一个名称是"苇咤子"

凶手是小布谷鸟！
是小布谷鸟用背部把鸟蛋从巢里推出去的

布谷鸟会在大苇莺等其他鸟的巢里产卵，然后坐等其他鸟帮忙孵卵、育雏，这也叫作托孵卵。

布谷鸟的卵仅需10天左右就可以孵化，这比大苇莺卵的孵化时间要短得多。早孵化出来的小布谷鸟会用背部把其他鸟的卵接二连三地推出鸟巢。一旦掉落地上，卵也就无法孵化了。

如此一来，小布谷鸟就能独享大苇莺等成鸟的饵食啦。

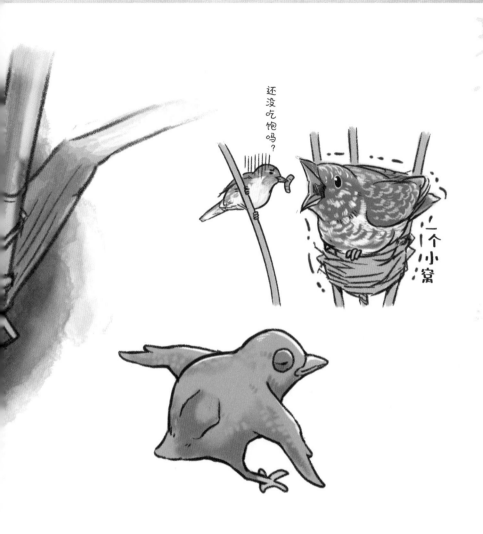

还没吃饱吗？

一个小窝

凶手档案

名字：布谷鸟（杜鹃）

住处：森林或者树林

大小：（成鸟）体长约 35 厘米

备注：雄鸟在繁殖期时，会发出"布谷、布谷"的叫声

小布谷鸟在还没睁开眼睛的时候，就把大苇莺的卵丢出去。而且，布谷鸟为了方便推其他鸟卵，它们的背上还长着一个小凹坑。

噗

咻

哎哟

哎哟

因为眼睛没睁开，所以不清楚自己的所作所为。

刚孵化出来，眼睛还没睁开。

……

布谷鸟的成鸟！

……

……

现在看清了，原来自己曾经这么不厚道。

大田鳖卵 受害事件

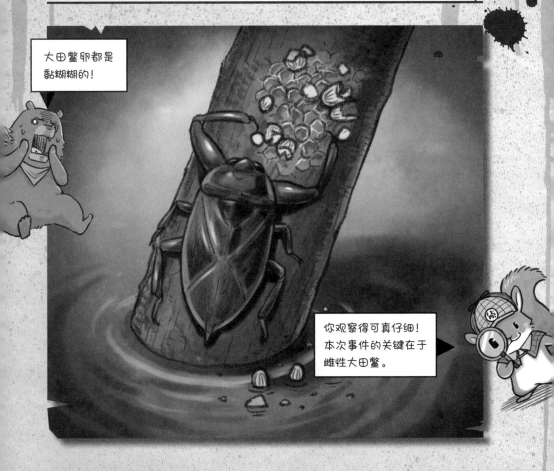

大田鳖卵都是黏糊糊的！

你观察得可真仔细！本次事件的关键在于雌性大田鳖。

案发现场的状况

一直以来，雄性大田鳖都辛辛苦苦地保护自己的卵，但是某一天，这些卵突然被不明生物打碎，全部受害。

被害人档案

名字： 田鳖

住处： 水中

大小： 体长约 6 厘米

备注： 不能住在干燥的地方

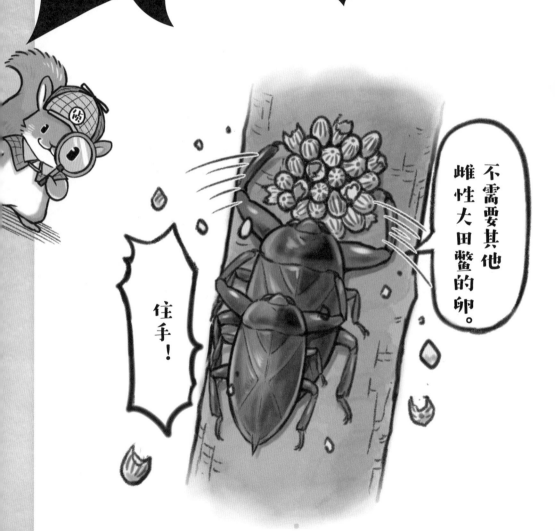

大田鳖养孩子的方式有点奇怪。从雌性大田鳖产卵开始，一直到雄性大田鳖将其孵化，期间必须保证卵足够湿润。

但是，如果恰好有尚未产卵的其他雌性大田鳖经过的话，雄性大田鳖就摊上大麻烦了！

雌性大田鳖为了能够跟雄性大田鳖交尾，可能会打破它们辛苦守护的卵。而且，在一番破坏之后，会让雄性大田鳖来孵化自己产的卵。

雄性大田鳖的体型比雌性大田鳖要小，因此它们不可能处处防护到位。

除了狮子等哺乳动物之外，也有鸟类会做杀死孩子这样的事情。但是在昆虫中还真是极为罕见呢！

我讨厌前任狮子王的孩子！

啊！

幼卵遭到破坏的父亲们

尺蠖 拥挤事件

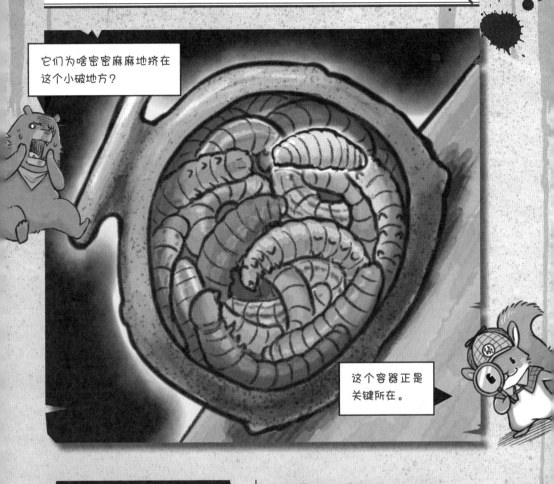

它们为啥密密麻麻地挤在这个小破地方？

这个容器正是关键所在。

案发现场的状况

尺蠖（尺蛾科幼虫）密密麻麻地挤在一个酒壶状的容器中，并且大家都已经失去意识了。

尺蠖（huò）

被害人档案

名字：尺蠖（尺蛾科幼虫）

住处：草丛等地方

大小：体长 2~6 厘米

备注：幼虫会先拱起身体再落下，用这样屈伸的方式向前移动

凶手是泥蜂！
为了给自己的孩子找食物，
所以把尺蠖封存在一起了。

062

雌泥蜂（泥壶蜂）用泥土造了一个直径1厘米左右的茶壶状巢穴。雌泥蜂在巢中产卵之后，会外出捕捉尺蠖，将它们密密麻麻地塞进巢中。雌泥蜂会对尺蠖下毒，使它们都处于麻痹状态。当巢穴被填满的时候，雌泥蜂就会盖上盖子。

　　如此，孵化出来的幼虫就能吃到新鲜的尺蠖，茁壮成长了。

呀！

扑哧

凶手档案

名字：泥蜂（泥壶蜂）

住处：居民区或者草丛

大小：体长约1.5厘米

备注：雌泥蜂会为了自己的孩子外出捕虫

只有雌泥蜂才拥有捕获猎物的"毒药"。

细腰蜂 名字的由来

嗡嗡嗡

狩猎蜂也分很多种类。

比如说，这只细腰蜂……

似我 似我

所谓『似我』，就是长得和我很像。

它们一边发出『似我』的声音，一边挖洞，再把菜青虫放入其中。

如此一来……

嘣！

几天后，里面就会冒出来同样的蜜蜂！

所以说，这只蜜蜂就是『似我蜂』。

哎！太猛了！

我是不是出现错觉了？

你貌似还是没搞懂，这是咋回事……

*细腰蜂日语写法为 "jigabachi"、其中 "jiga" 写作 "似我"。

蝌蚪 诱拐事件

树蛙是在池塘边的树上产卵的哦。

嘘 ————

所以，孵化出来的小蝌蚪就会落入下面的池塘。

案发现场的状况

树蛙的蝌蚪们出生啦！但是，大多数蝌蚪当场不见了踪影，难道是被谁拐跑了？

被害人档案

名字: 蝌蚪（树蛙的幼崽）

住处: 山上或者树林中

大小: （刚出生的蝌蚪）体长约 1 厘米

备注: 成蛙在水边的树上产卵

凶手是蝾螈！
蝾螈把落进水中的
蝌蚪吃掉了。

树蛙很擅长爬树。进入繁殖期之后，雌蛙会把卵产在水边的树上。等卵孵化之后，蝌蚪会直接落入下方的池塘中。

但是，有很多的蝾螈（红腹蝾螈）会计算好蝌蚪的孵化时间，一直在树下等着，伺机而动。

所以在本次事件当中，是大批的蝾螈把落入池塘的蝌蚪吃掉了。

树蛙产卵

凶手档案

名字：蝾螈（红腹蝾螈）

住处：水边等地

大小：体长约10厘米

备注：日本本土唯一的蝾螈；在中
国，蝾螈广布

雌蛙在树上临近产卵时，会有非常多的雄蛙趴在雌蛙背上。

蝾（róng）螈（yuán）

蝾螈的再生能力

看到了吗？蝾螈们好像在下面等着呢。

实际上，我的眼神儿不咋的。

小蝌蚪们在哪儿呢？

别推我呀！

哎哟！

嘭

这是蝌蚪吗？？

竟然是貘！

只要放进嘴里的东西，不管是啥，我都吃。

嗷！嗷嗷嗷！

手！我的手！我的手！

蝾螈断掉的手脚仅需1~2个月的时间就能再生出来。

啊？这也可以？

反正还会再长出来。

啊，没关系……

蚂蚁蛹 转移事件

这是要把孩子带走吗？

武士蚁正在搬运黑山蚁的蛹，看样子并不打算把它们当食物。

案发现场的状况

在蚂蚁（黑山蚁）的巢穴当中，突然惊现其他种类的蚂蚁！所以，入侵者正带着幼虫和蛹不知道去什么地方。

被害人档案

名字: 黑山蚁

住处: 草原或者居民区

大小: 体长约 5 毫米

备注: 喜欢吃昆虫尸体和花蜜等食物

凶手是武士蚁！
为了把黑山蚁作为奴隶，
所以把它们带走了！

我出门去弄点吃的。

去吧。

快给我弄点吃的，
软软的那种。

我现在正在咀嚼，
把它变得柔软呢。

武士蚁会把其他蚂蚁变成自己的奴隶！武士蚁的蚁后会单枪匹马地闯入黑山蚁等蚂蚁的巢穴，把原来的蚁后杀掉，然后攻占巢穴，自己称后。而且，武士蚁王后还会把黑山蚁当作奴隶，毫不留情地使唤它们。

沦为奴隶的黑山蚁因死亡而减少，武士蚁就会在炎热的午后把别的黑山蚁巢穴里的幼虫和蛹搬运过去。

抓奴隶了。

差不多要去

咻咻

必须照顾孩子呀。

好的，好的。

扫除工作就交给你了。

凶手档案

名字：武士蚁

住处：草地或者光秃秃的地

大小：（成蚁）体长约5毫米

备注：除了袭击蚂蚁巢穴之外，不会外出

武士蚁王后把黑山蚁王后的体液涂在自己身上，于是变成新的黑山蚁王后。

武士蚁能做哪些事？

竟然一辈子把黑山蚁当成奴隶使唤，这也太残酷了！

没办法呢，谁都有擅长的事和不擅长的事嘛。

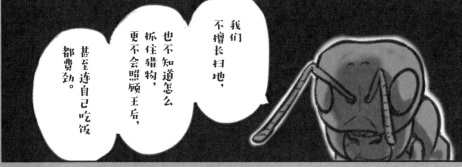

我们不擅长扫地，更不会照顾王后，也不知道怎么拆住猎物，甚至连自己吃饭都费劲。

那你们能干点啥？

掠夺！

为啥？你们就只会干这事儿？

小武士蚁

蛹

奴隶不够的话，就继续补充成员！

蜗牛 变色事件

天哪！这也太诡异了！

它们故意让自己看起来更加显眼。

案发现场的状况

琥珀螺（蜗牛）的触角变成橙色或者绿色。它们明明很讨厌明亮的地方，却偏要过去。这到底是为什么呢？

被害人档案

名字：琥珀螺

住处：阴暗潮湿的地方

大小：壳高约 2.5 厘米

备注：以落叶、藻类以及生物尸体为食

凶手是彩蚴吸虫！
它们寄生在蜗牛身上，并且操控蜗牛！

普通蜗牛

被寄生的蜗牛

卵

彩蚴吸虫的卵随着鸟类的粪便被排出，蜗牛吃掉粪便遂被寄生。

彩蚴吸虫是一种寄生虫。蜗牛被寄生之后，触角会变成橙色或者绿色，并且变得喜欢去明亮的地方。这实际上是寄生虫在故意捣鬼。去明亮的地方意味着更容易被鸟类发现。如果鸟类吃掉被寄生的蜗牛，彩蚴吸虫就能在鸟的肚子中产卵，让卵随着鸟粪一起被排出。这样，彩蚴吸虫会再次寄生到吃掉鸟粪的蜗牛身上，如此循环往复下去……

第一代彩蚴吸虫和蜗牛一起被鸟类吃掉。

成虫

被鸟类吃掉之后，在鸟类体内发育为成虫。

彩蚴（yòu）吸虫

凶手档案

名字：彩蚴吸虫

住处：蜗牛体内或者鸟类体内等

大小：体长约 1 毫米

备注：彩蚴吸虫会把卵排在鸟类的直肠中，让卵随鸟类的粪便一起排出

本尊在哪儿呢？

哎？侦探先生！

这只蜗牛怎么只寄生了一只虫？

团子！你犯了两个错误哦。

寄生……可以寄生在一只触角上，也可以寄生在两只触角上呢。

哎？这么多吗？

嗡 嗡 嗡 嗡 嗡

第一个错误是这些三像毛毛虫一样的东西，其实多达十几只。

天哪！这也太多了！

幼虫本尊

蛹

这只是一个『袋子』，这里面装的才是真正的幼虫啊！

多的时候

一个"袋子"里有100多只幼虫。

樱花树 枯死事件

案发现场的状况

每年绽放美丽花朵的樱花树（染井吉野樱）竟然枯萎而死。树干上有好多小洞。

被害人档案

名字: 樱花树（染井吉野樱）

住处: 公园或者河边

大小: 高约 10 米

备注: 所有染井吉野樱的 DNA 是一样的，都是同一树木的克隆体

凶手是天牛！
天牛在樱花树里面狂吃，
所以树才枯萎了。

桃红颈天牛的幼虫喜欢吃樱花树或者桃树树干的木质部。还有一个特点就是，它会排出植物残渣和粪便的混合物。这种混合物形似肉馅，虫粪和木屑总是聚集在树的根部，所以哪棵树受害了一目了然。

因为桃红颈天牛会一次性产卵数百只，所以樱花树内部会不断地被侵食。最终，树上会遍布小洞，樱花树枯萎至死。

虫粪和木屑

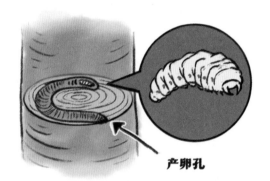

产卵孔

凶手档案

名字：桃红颈天牛

住处：樱花树或者桃树

大小：身长约 3 厘米

备注：外来物种

2012 年，日本国内首次确认出现桃红颈天牛，之后日本全国各地均有发现。

芫菁 流血致死事件

天哪！流出来的血竟然是黄色的！

但是，并没有什么明显的伤痕呀。

案发现场的状况

死掉的芫菁仰面躺在地上，全身流着黄色的血，靠近一些，它也没什么反应。

芫（yuán）菁（jīng）

被害人档案

名字：芫菁

住处：山间或者公园

大小：体长约 3 厘米

备注：幼虫寄生在花蜂身上生长

芫菁竟然在装死！

它们仰面躺在地上，用有毒的黄色液体进行反击。

因为芫菁的肚子很大，所以它们走在路上时，很容易被发现。

天敌一旦靠近，芫菁就会立刻装死，而且它们的关节中会分泌黄色体液，这种液体叫作"斑蝥素"。斑蝥素中含有毒素，一旦接触就会被感染，所以一定不要去碰！

天敌走开之后，芫菁会赶紧起身逃跑。芫菁的战术非常多哦。

各种会装死的昆虫

瓢虫
（分泌黄色液体）

叩头虫

白纹象鼻虫

这不是残酷事件。太好了！

会装死的昆虫，还有瓢虫、叩头虫、白纹象鼻虫……

斑蝥（áo）素

一旦嗅到危险的气息，立刻装死

蜻蜓 带刺致死事件

竟然直接死在了树枝上！

这些细细长长、像刺一样的东西，是从蜻蜓的关节中长出来的。

案发现场的状况

蜻蜓（角斑黑额蜓）直接死在了停留的树枝上，而且身体上长出像刺一样的东西。

被害人档案

名字： 蜻蜓（角斑黑额蜓）

住处： 平野或者低矮的山地

大小： 体长约 7 厘米

备注： 年轻的成虫，眼睛是褐色的；随着年龄增长，眼睛会变成绿色

蜻蜓身上长刺的原因，竟然是因为被真菌感染了！

蜻蜓变成了蘑菇。

真菌寄生在昆虫身上生成的生物，也被称为"冬虫夏草"。

关于"冬虫夏草"这一名字的来历，是真菌在冬天的时候形似虫子，到了夏天就会变成草的模样。但是，它既不是虫子也不是草，是一种蘑菇。

蜻蜓一旦感染这种真菌，体力会渐渐变弱，飞停在树枝上很快就会死掉。不久之后，真菌就会长出来，变成虫草。

大虫草

其他冬虫夏草

偏侧蛇虫草

凶手档案

名字： 冬虫夏草（蜻蜓虫草）

住处： 潮湿的场所

大小： 种类不同，大小不一

备注： 红色的冬虫夏草也被称为赤蜻蜓虫草

冬虫夏草不仅包括蜻蜓虫草，还包括偏侧蛇虫草、大虫草、蚁茸等400余种。

真菌会放飞孢子

即便这样做……

蜻蜓飞得那么快，它们是怎么寄生到蜻蜓身上的呢？

因为冬虫夏草属于真菌，所以会把孢子放飞到空中。

翁翁

肉眼能够看见吗？孢子是从这里放出来的。

放大

孢子

哎！

变为虫草的蜻蜓，真是太惨了。不过把原因搞清楚了，还是挺不错的。

发现者

啊啊！完全明白了！

蜻蜓先生？

最近身体不舒服吗？

哇！这是啥？目不转睛

哇！太恶心啦！

瓢虫 寄生虫事件

身体里冒出来了什么？

呼呼

好像是什么生物的幼虫呀。

案发现场的状况

有不可思议的生物从瓢虫的身体里冒出来了，但是瓢虫看上去并无异样。

被害人档案

名字：瓢虫

住处：森林或者树林

大小：体长约 7 厘米

备注：幼虫和成虫都会吃蚜虫

凶手是瓢虫茧蜂！它们寄生在瓢虫体内，然后从里面爬出来了而已！

产卵

扑味

瓢虫茧蜂是一种寄生在瓢虫体内的蜜蜂。它们把卵产在瓢虫体内，幼虫依靠吸食瓢虫的体液生长。不久之后，幼虫会咬破瓢虫的肚皮，从瓢虫体内出来，化为茧。

另外，瓢虫被寄生产卵的同时，也会被"洗脑"，会继续保护茧不受外敌侵害。

茧羽化之后会起身而飞，寻找下一任宿主。

茧继续受到宿主的保护。

三成以上被寄生的生物不会死掉，能坚强地活下来。

幼虫咬破瓢虫的肚皮，出来做茧。

啾

在瓢虫体内孵化，依靠吸食瓢虫的体液生长。

凶手档案

名字： 瓢虫茧蜂

住处： 幼虫寄生在瓢虫体内，成虫住在森林或者树林中

大小： 体长约 3 毫米

备注： 茧蜂在日本大约有 300 种

三成以上被寄生的生物不会死掉

树叶 长疙瘩事件

这是啥病？

蚊母树看上去很健康，应该没啥毛病。

案发现场的状况

蚊母树的树叶上长了好多好多红色的小疙瘩，其他蚊母树也是同样的症状。

被害人档案

名字：蚊母树

住处：低地

大小：高约 10 米

备注：树皮发红

凶手是蚜虫！

蚜虫为了让幼虫住得更舒服，所以让树叶变形了。

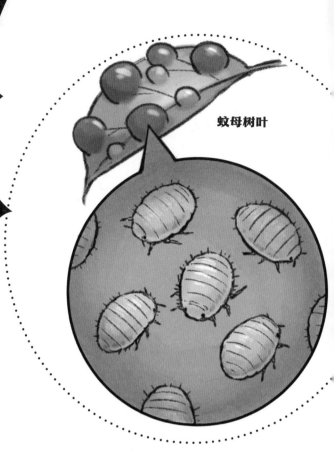

蚊母树叶

大多数蚊母树的树叶上都有红色的小疙瘩。这也被称为"虫瘿"，是蚜虫为自己建造的巢穴，里面住着成百上千只蚜虫。

蚜虫的幼虫刺激蚊母树的树叶，促使树叶变形，然后建造虫瘿。住在虫瘿中，幼虫们就不再害怕天敌，可以尽情吮吸植物的汁液，蚜虫数量也因此急剧增多。

虫瘿（yǐng）

蚊母树是虫瘿的"公寓"

小虫瘿

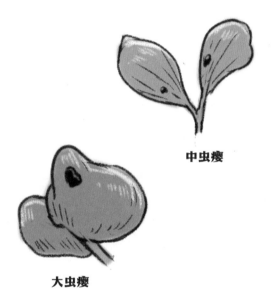

中虫瘿

大虫瘿

凶手档案

名字： 蚜虫

住处： 植物上

大小： 体长约 2 毫米

备注： 仅在日本就有 700 多种蚜虫

圆球状的虫瘿也被称为"蚊母树叶五节"。另外，除了蚜虫，也有其他生物可以建造虫瘿哦。

"奇妙之树"的由来

龙虱 溺水事件

龙虱明明很擅长游泳啊……

最近，龙虱的溺水事件特别多，特别是雌龙虱，那么凶手是……

案发现场的状况

雌龙虱（水鳖）死于水中。

被害人档案

名字： 雌龙虱（水鳖）

住处： 水边

大小： 体长约 4 厘米

备注： 近年来数量急剧减少，存在绝种的风险

凶手是雄龙虱！
交尾过程中，
雄龙虱会不小心把雌龙虱憋死。

吸盘

龙虱是水生昆虫，但是在交尾的过程中，雌龙虱却有可能死掉。

雄龙虱的前足上长有吸盘，交尾过程中能够将雌龙虱压住。但是这样一来，雌龙虱就会一直被压在水面以下，直到雄龙虱离开才能浮出水面。

龙虱把屁股翘出水面，就能通过身体吸收空气，但是在交尾的过程中，雌龙虱却做不到这一点，因此它们待在水下会被憋死。

空气

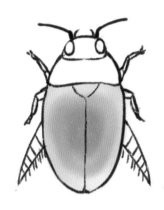

龙虱会把空气储存在翅膀和肚子之间。

个头小的龙虱会把空气泡泡黏在屁股上。

雌龙虱经常会从雄龙虱手中逃跑

蚂蚁 掉头事件

头突然掉下来了？！

头突然掉下来，貌似另有隐情呀……

案发现场的状况

受害者依然是蚂蚁。蚂蚁的脑袋突然掉下来，周围的同伴们吵吵嚷嚷。

被害人档案

名字：蚂蚁

住处：草丛或者居民区

大小：体长约 5 厘米

备注：与蜜蜂的血缘关系很近

凶手是蚤蝇！
它们寄生在蚂蚁身上，成为蚂蚁掉头案的凶手。

蚤蝇是一种寄生在蚂蚁身上的蝇。它们把卵产在蚂蚁身上，一旦孵化，幼虫便会向蚂蚁的头部移动。而且，它们在蚂蚁的头部里面进食、成长。在蚤蝇的幼虫化蛹之前，它们会把蚂蚁的头弄下来。

而且，蚤蝇在掉下来的蚂蚁脑袋里度过蛹期，等化为成虫之时，会突然从蚂蚁嘴巴中现身。

成虫

扑

味

凶手档案

名字： 蚤蝇

住处： 栖息地尚不明确

大小： 体长约 1.5 毫米

备注： 蚤蝇身上的谜团还有很多

蚤蝇在产卵时，会迅速靠近蚂蚁。产卵仅需要 1 秒的时间。

蚂蚁和昆虫的各种轶事

蚁螋
寄食在蚂蚁的巢穴当中，随处可见它们的身影。它们会假扮成蚂蚁，通过蚂蚁的嘴对嘴喂食得以生存。

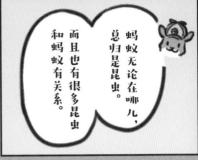

蚂蚁无论在哪儿，总归是昆虫。

而且也有很多昆虫和蚂蚁有关系。

隐翅虫
这是甲虫的一种。这类昆虫如同名字所示，大多将翅膀隐藏起来，缩成一团，以盗窃蚂蚁运来的食物为生。

巢穴蚜蝇
幼虫形状奇特，像一个半球。寄食在蚂蚁的巢穴之中，行动缓慢，以蚂蚁的幼虫和蛹为食。

成虫　　幼虫

蚜虫
无论在巢穴内外，对于蚂蚁来说，蚜虫都是不可多得的存在。蚂蚁可以从蚜虫处获取蜜露，蚜虫可以帮助蚂蚁防御外敌。

黑小灰蝶
幼虫时期，黑小灰蝶被蚂蚁带到巢穴之中。黑小灰蝶从蚂蚁处获得饵食，蚂蚁从黑小灰蝶处获得蜜液。

成虫　　幼虫

蚂蚁是生态系统中非常重要的存在。

真是人见人爱呀。

蚂蚁

上述这些昆虫与蚂蚁的关系十分密切，全球大约有数千种这样的昆虫。

凉爽的季节

蝾螈 刺死事件

啊！

看上去像是"贡品"一样！

案发现场的状况

蝾螈（红腹蝾螈）被穿在荆棘的刺上。蝗虫和小乌龟的孩子也遭到了杀害。

被害人档案

名字：蝾螈（红腹蝾螈）

住处：水边

大小：体长约 10 厘米

备注：腹部呈红色，有毒

凶手是百舌鸟，也就是伯劳！

伯劳把猎物刺死，作为存粮。

伯劳十分擅长捕猎。它们把捕捉的猎物穿在树枝上，制成"贡品"。

但是，蝾螈并不是真正向神仙进贡用的。虽然尚未有明确定论，但是人们认为，伯劳会把蝾螈当作自己繁殖期时的营养食物，当作是圈定地盘的标志，抑或者是以刺代替刀叉，切碎食物。

真好听！

繁殖期间吃掉蝗螂的话，能够补充营养，唱歌也会更加好听，十分有人气。

哇哇

哇

容易咬开

凶手档案

名字：伯劳

住处：低地或者低矮的山地

大小：体长 20 厘米左右

备注：有一种说法认为，伯劳因善于模仿其他鸟类的叫声而得名"百舌鸟"

制作“贡品”

螳螂 跳水自杀事件

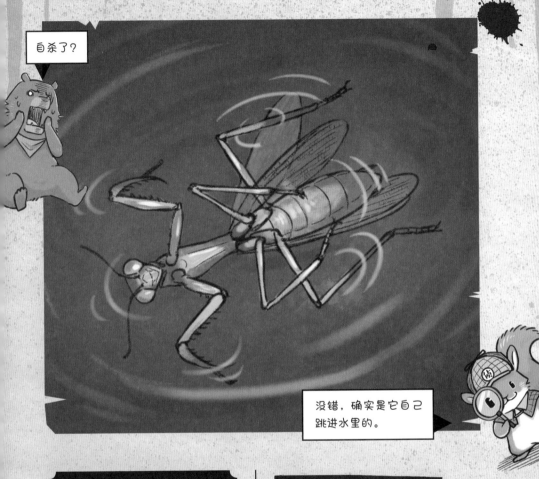

自杀了？

没错，确实是它自己跳进水里的。

案发现场的状况

在一个晴天，广斧螳螂在河里溺水身亡了。最近这段时间，广斧螳螂有些奇怪。

被害人档案

名字：广斧螳螂

住处：河滩或者公园里的草丛中等

大小：体长约 7 厘米

备注：腹部非常宽

凶手是铁线虫！铁线虫寄生在螳螂身上，操纵螳螂，让螳螂一头扎进水中。

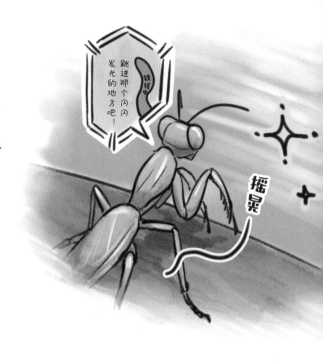

铁线虫是一种寄生虫，身型细长。它原本是水生生物，但是生长过程中会寄生到螳螂身上。

铁线虫从螳螂身上汲取营养，长为成虫，然后操纵螳螂的大脑，让它们靠近闪闪发亮的地方。

因此，螳螂就跳进了波光粼粼的水中，铁线虫在水中得以从螳螂身体内挣脱出来。

波光粼粼

螳螂

我开动啦！

蜉蝣成虫

蜉蝣幼虫

我开动啦！

铁线虫幼虫

闪闪亮亮！

就是现在！

我得赶紧跑路了。

铁线虫在水中会被蜉蝣等的幼虫吃掉，所以它们寄生在蜉蝣身上。当蜉蝣长为成虫之后，会到陆地上去。这时，蜉蝣再被螳螂吃掉的话，铁线虫就自然而然地寄生在螳螂身上啦。

凶手档案

名字：铁线虫

住处：昆虫体内

大小：体长约 10 厘米

备注：讨厌鱼或者青蛙（因为有可能会死在它们肚子里）

铁线虫的失败案例

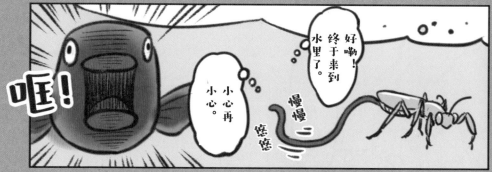

116

娃娃鱼 非自然死亡事件

这场面太惨烈了……

这只雄娃娃鱼还很年轻啊……

案发现场的状况

住在河中的一只雄娃娃鱼惨死，少了一条腿，头部有巨大的伤口。

被害人档案

名字： 娃娃鱼（大鲵）

住处： 河流上游

大小： 体长约 60 厘米

备注： 世界上现存最大的两栖动物

凶手是其他雄娃娃鱼！在巢穴抢夺战中把它杀害了！

　　为了养育娃娃鱼宝宝，雄娃娃鱼首先要找一处巢穴。雌娃娃鱼随后赶到巢穴处进行产卵。但是，并不是所有的雄娃娃鱼都拥有巢穴，能够用作巢穴的地方少之又少。

　　所以，雄娃娃鱼之间便会爆发争夺战。但是，那些拥有巢穴的雄娃娃鱼大多身强力壮，因此抢巢不成反被打的事情常有发生，所以有些受重伤之后，就一命呜呼了。

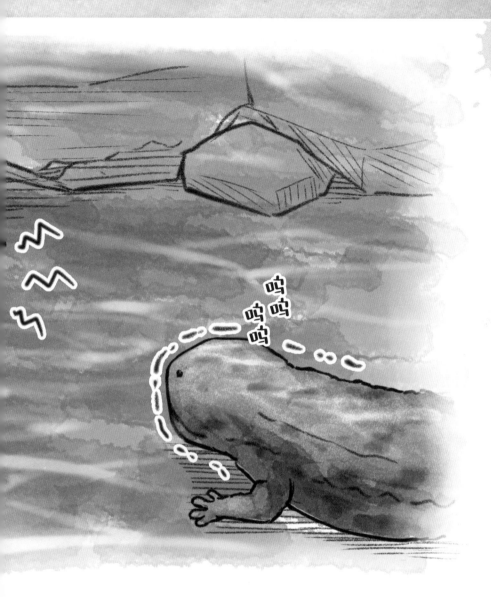

呜呜
呜呜

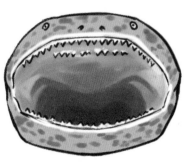

娃娃鱼的牙齿虽然并
不显眼，却十分锋利。
雄娃娃鱼之间的战斗
十分惨烈，因此缺胳
膊少腿的雄娃娃鱼不
在少数。

娃娃鱼还有另一个名字……

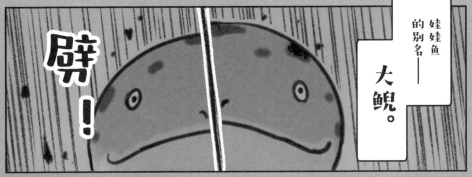

娃娃鱼的别名——大鲵。

劈！

这个名字的由来是因为……

还有一种说法，大鲵的嘴被劈成了两半。

就算把它劈成两半，它也不会死。

哎？太厉害了！

没有，没有，那样的话，它一定会死的。

但是，娃娃鱼就算在战斗中失去一两条腿，也能够顽强地活下去。

我一定还会再长出来的！

娃娃鱼的生命力如此顽强吗？

---

* 大鲵日语写法为"hanzaki"，读音与劈成两半的日语相近。

蜜蜂一家 袭击事件

蜜蜂真的太可怜了……

要说喜欢蜜蜂的话，
当然是熊啦！
但是，这次貌似不是
熊干的……

案发现场的状况

蜜蜂（西方蜜蜂）一家刚
刚建好房子，就遭受了袭
击。蜂巢里的幼虫和蛹都
消失不见了。

被害人档案

名字：蜜蜂（西方蜜蜂）

住处：植物多生的地方

大小：体长约 1.4 厘米

备注：本来居住在欧美国家

凶手是马蜂！
抢夺西方蜜蜂的幼虫和蛹，把它们当作饵食。

马蜂（胡蜂）本来就属于强硬的生物。大多数生物遭受一大群马蜂的攻击的话，撑不了一会儿就会败下阵来。马蜂属于食肉动物，所以连西方蜜蜂的幼虫等也不放过。马蜂一旦发现蜂巢，就会立即召唤伙伴一起发动攻击，用强有力的下颚杀死对方，然后把蛹或者幼虫揉成肉丸子，带回去给孩子吃。

肉丸子

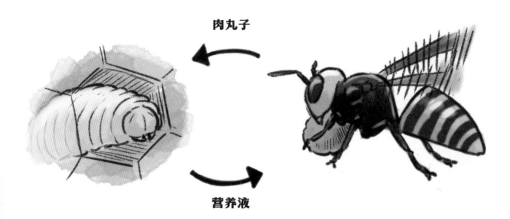

营养液

凶手档案

名字: 马蜂（胡蜂）

住处: 树林或者屋檐下

大小: 体长约 4 厘米

备注: 在土中建造巨大的蜂巢

马蜂成虫腰部很细，食道也很细，所以吃不了固体食物。因此，成虫除了吸食花蜜外，还会从幼虫处获取营养液。

蜜蜂 VS 马蜂

日本蜜蜂也不是一直受欺负的。

蜜蜂也有『绝活』，专门用来对付马蜂。

什么

？！

集合！集合！

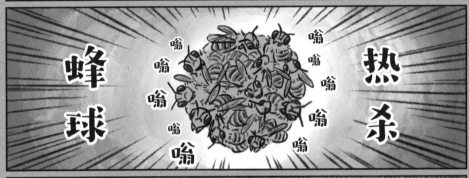

蜂球

热杀

嗡嗡嗡嗡嗡嗡嗡嗡嗡嗡

这项绝活就是一群蜜蜂一起颤动身体，然后发热，干蒸敌人！

但是，蜜蜂在使出绝活之后……

啊！！

℃
50
40
30
20
10

慢慢

悠悠

寿命都会缩短。

你放『大招』了？

是的。

噗噗

为了保护我们的家！

呜呜

鲑鱼 剖腹事件

遭剖腹的貌似都是雌鲑鱼啊！

案发现场的脚印和你的脚印很像啊。

案发现场的状况

河边上很夛鲑鱼的肚皮都被撕裂了。

被害人档案

名字： 鲑鱼

住处： 生活在海里，会洄游到出生地的河里产卵

大小： 体长约 70 厘米

备注： 不喜欢被叫作其他名字

鲑（guī）鱼

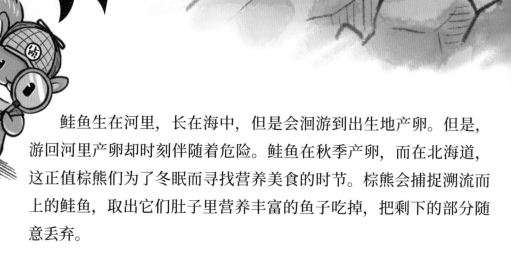

凶手是棕熊！
棕熊只把营养丰富的鱼子吃掉了。

鲑鱼生在河里，长在海中，但是会洄游到出生地产卵。但是，游回河里产卵却时刻伴随着危险。鲑鱼在秋季产卵，而在北海道，这正值棕熊们为了冬眠而寻找营养美食的时节。棕熊会捕捉溯流而上的鲑鱼，取出它们肚子里营养丰富的鱼子吃掉，把剩下的部分随意丢弃。

名字：棕熊

住处：森林之中

大小：体长约 2 米

备注：棕熊比黑熊还要大

有一种说法是，棕熊的胃比较脆弱，吞下整条鱼的话，可能会吃坏肚子。

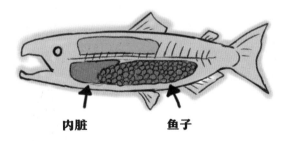

内脏　　　　鱼子

棕熊起到的连接作用

鸽子羽毛 散落事件

好多鸽子的羽毛呀……

羽毛纷纷散落在地上，鸽子却不见了。

案发现场的状况

鸽子（原鸽）翅膀上的羽毛散落一地，但是，鸽子不见了踪影。到底发生了什么事？

被害人档案

名字： 鸽子（原鸽）

住处： 居民街区等

大小： 体长约 35 厘米

备注： 原鸽是信鸽的原种，具有强大的归巢本能

凶手是苍鹰！
苍鹰把鸽子翅膀上的
羽毛一根根拔下之后，
把鸽子吃掉了……

苍鹰是非常善于狩猎的猛禽，会出其不意地袭击鸽子（野鸽）。

苍鹰袭击鸽子之后，首先会在一个安静的地方拔掉鸽子翅膀上的羽毛，之后会把鸽子带回家里，和小苍鹰一起享用。

如果在公园大树之下，看到了完好无损的鸽子羽毛，那肯定就是苍鹰干的！

凶手档案

名字： 苍鹰

住处： 平地或者山岳地带

大小： 体长约 50 厘米

备注： 飞行时速最高可达 130 千米

猫和黄鼠狼也会袭击野鸽，将其翅膀折断，甚至撕碎。但是，如果是苍鹰的话，地上会散落着完好的羽毛。

苍鹰的猎物们

鹰的种类有很多吧，你怎么知道是苍鹰呢？

鸽子羽毛 →

不同种类的鹰，喜欢的猎物也不同哦。

鹰科雀鹰属举例

松雀鹰　雀鹰　苍鹰

小 ← 喜欢的猎物大小 → 大

苍鹰喜欢原鸽以及白头翁等中等大小的鸟。

咔！

然后就是小型的哺乳类动物啦。

啊！侦探先生！

如松鼠等

132

螳螂 七零八落事件（第3弹）

怎么又七零八落的呢？！

现在正是螳螂的繁殖期呀。

案发现场的状况

又发生了七零八落事件。这次的受害者是雄性大刀螳。听说最近雄螳螂好像很迷恋雌螳螂。

被害人档案

名字： 大刀螳

住处： 河滩或者公园的草丛

大小： 体长约8厘米

备注： 把动弹的生物作为饵食

凶手是雌螳螂！

在交尾的过程中，雌螳螂会吃掉雄螳螂。

雄螳螂

螳螂把动弹的生物作为食物。交尾过程中，雄螳螂会骑到雌螳螂的背上，雌螳螂误以为雄螳螂是猎物，所以会不小心吃掉它的头。

而且，雄螳螂会趴在雌螳螂背上，长达4小时。

时间很长，想必趴着的雄螳螂也在一直担心，何时会被吃掉呢？

不过，雄螳螂也不是每次都会被吃掉啦！5次中大概有1次会被吃掉。

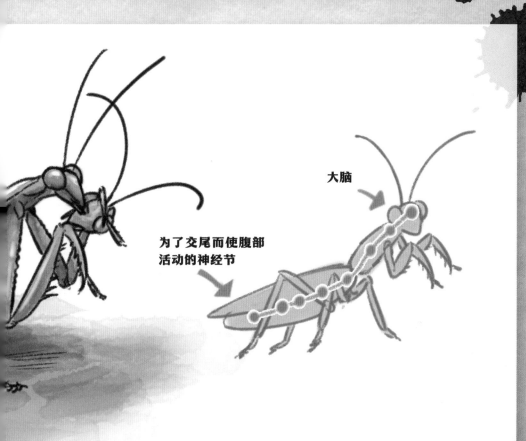

大脑

为了交尾而使腹部
活动的神经节

虽然有些残酷，但是
双方都很顽强啊！

交尾过程中，就算雄螳螂
被吃掉了部分身体，交尾
也不会结束哦。
因为，螳螂就算没有头，
神经也会继续活动。
听起来可能有点恐怖……

雄螳螂的牺牲换来了什么？

交尾过程中，雌性把雄性吃掉的，可不止螳螂哦。

还有蜘蛛等也是如此。

♀
♂
体型较小

啊！太残酷了！

螳螂是无法度过冬天的。

但是，无论雌性还是雄性，最终都会死掉。

雌螳螂带来食物的话，那么可以说，雄螳螂不是白白死去的哦。

因此，如果雄螳螂之死能够为产卵的

咻咻
咻咻

俺也是，如果再不冬眠的话就要死掉了。

呜呜呜

啊！冬天马上来啦！

咻咻

★黑熊会冬眠的哦。

136

蛾子 扯掉翅膀事件

蛾子竟然没翅膀？被谁拿走了呢？

蛾子若无其事，元气满满！这才是案件的关键。

案发现场的状况

不幸的是，蛾子（冬尺蛾）被发现时，翅膀已经不见了。凶手究竟是谁呢？为什么蛾子看上去却若无其事？

被害人档案

名字：蛾子（冬尺蛾）

住处：杂树林等

大小：体长约 1 厘米

备注：多见于秋冬季节

因为雌冬尺蛾本来就没有翅膀！

没有凶手摘掉蛾子的翅膀，

雄性

冬尺蛾如同其名字一样，主要在冬季活动。如果冬天经常在身边看到蛾子，那肯定是雄冬尺蛾。

实际上，雌冬尺蛾的翅膀发生退化，它们不是没有翅膀，只是翅膀特别特别小。因此，雌冬尺蛾飞不起来，被人们见到的概率远不如雄冬尺蛾高。

没有翅膀的蛾子很难活下去。但是冬季时节它们的天敌较少，因此，雌冬尺蛾虽然没有翅膀，也能勉强活下去。

雌性

雌冬尺蛾本来就没有翅膀呀。
不是一起残酷事件！
太好啦！

雌冬尺蛾没有翅膀，为了引起雄冬尺蛾的注意，所以它们通过屁股释放费洛蒙 *。

* 费洛蒙被个体分泌到体外，被同物种的其他个体通过嗅觉器官察觉，使后者表现出某种行为，造成其情绪心理或生理机制改变。

139

追求舒适的结果

冬尺蛾在夜里活动……

嘶嘶嘶

吱吱

咕

所以不会被天敌——鸟类发现。

冬尺蛾在冬季活动……

嘶嘶嘶

所以夜里的天敌——蝙蝠（在冬眠）也不会出现。

没有天敌，这可能是雌冬尺蛾翅膀退化的原因哦。

但是，在冬季的夜里活动，应该没什么吃的吧？

这个你就不用担心啦！

因为它们的嘴也退化了。

它们一喝水就会被冻住。

口器退化

连萤火虫都需要喝水的啊！

发现新物种事件

这是尚未确认的生命体啊！难道是新物种吗？！

仔细一看，感觉长得和某种动物很像呀。

案发现场的状况

在居民区发现了尚未确认的动物！它像小型犬或者猫咪一样大，没有体毛，耳朵长得也很大。

被害人档案

名字：？？？

住处：？？？

大小：体长约 60 厘米

备注：四肢动物，没有毛发

这是无毛狐狸！

因为痒螨，狐狸毛都掉光了。

皮肤

粪便或者卵

痒螨

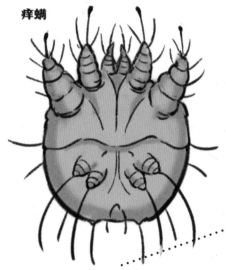

　　痒螨体长约 0.5 毫米，肉眼不可见。痒螨在 16℃以下的环境中不能活动，所以只能寄生在其他动物身上。

　　痒螨一旦寄生到动物身上，就开始在动物皮肤里挖掘通道。

　　它们在通道里产卵，数量不断增多。

　　这会形成"疥疮"。被寄生的动物会感到非常痒，进入脱毛状态。

痒螨（mǎn）

貉患上疥疮之后就会脱毛。

3~5 天的时间内，卵会孵化为幼虫，从通道中出来活动。它们增生的速度也会加快。

凶手档案

名字：痒螨

住处：动物皮肤

大小：体长约 0.4 毫米

备注：大约 2 周时间，卵会变为成虫

痒螨的宿主

不仅狐狸会得疥疮，其他动物也会患上。

螨虫也分很多种类啊。

专门攻击汪汪的痒螨

专门攻击喵喵的痒螨

无论是野生动物还是宠物，都有可能感染。

团子，你怎么啦？

没事，就是最近，感觉身体有点痒痒的。

掉毛了！

咯吱咯吱

哎？侦探先生，你离我那么远干吗？

我只是想跳跳交际舞而已。

你不用管我。

树木 剥皮事件

白兰到了夏天就会开白色的花哦。

最近，这一带的动物急剧增多。

案发现场的状况

白兰树开始脱皮，整棵树都光秃秃的。有些白兰树会凋零，然后枯萎而死。

被害人档案

名字：白兰

住处：土地上

大小：高约 10 米

备注：树皮容易脱落，经常与紫薇弄混

凶手是鹿！

鹿把树皮剥下来吃掉了。

鹿是食草动物，食用草、树叶或者树木的果实等。

但是，一到冬天没有东西可吃时，它们也会剥树皮吃。

鹿的数量增加，就会过度食用树皮，导致很多树木枯萎致死。

那样的话，其他生物的食物和住所就会受到威胁。

洪水

沙石滑坡

树木枯萎，大山就会变得光秃秃，生物们也无处栖息，而且下大雨的时候，更容易发生山体滑坡，引发洪水。

凶手档案

名字： 鹿

住处： 森林或者树林

大小： 体长约 1 米

备注： 雄鹿的角在冬季脱落，春天会长出新的角

为了减少鹿的数量

*动物们掩埋果实或者施粪，可以给树木施肥，从而帮助森林恢复生机。

终章

早上好！
侦探先生！

侦探先生
解决了许多
案件。

春天
又来临啦！

哇，冬眠真的
太舒服了！

静悄悄的……

不要
找我！

不会吧！
真的来这一套？

噗！

？！

哎？
侦探先生。

团子：

冰箱里有刚刚发芽的
款冬花茎。

侦探

早上好！
你睡得好吗？

我突然消失，
非常抱歉。

啊！

信的下文……

哎？

如果你能继续
担任残酷侦探的话，
我将无比开心。

哎？

因为我已经上了年纪，
所以决定不当侦探了。

活的时间长了，你会见到形形色色的事物。

这个世界确实有些残酷。

但那只不过是大家为了活下来而拼命努力。

自然界中没有正义，也没有丑恶。

你也不能认定谁是坏蛋。

我相信你一定会做到的。因为你比其他人见过更多残酷的事情，你比任何人都温柔。

请你不要放弃去寻找隐藏在残酷事件之后的真相。

今后……

我已经把我想到的话都告诉你了。

请问，残酷侦探的办公室在哪儿？

从这儿直走就可以啦。

嘭嘭

！

我也希望你能够把真相告诉更多的人。

侦探不在吗？我们回去吧……

完结

索引

图书在版编目（ＣＩＰ）数据

森林侦探事件簿 ／（日）一日一种著；李庄译. --
北京 ： 北京日报出版社，2023.5
（动物狂想曲）
ISBN 978-7-5477-4381-2

Ⅰ . ①森⋯ Ⅱ . ①一⋯ ②李⋯ Ⅲ . ①动物－少儿读
物 Ⅳ . ①Q95-49

中国版本图书馆CIP数据核字(2022)第148982号
北京版权保护中心外国图书合同登记号：01-2022-4770

Original Japanese title: ZANKOKU TANTEI NO IKIMONO JIKENBO
Copyright © 2021 Ichinichi-isshu
Original Japanese edition published by Yama-Kei Publishers Co., Ltd.
Simplified Chinese translation rights arranged with Yama-Kei Publishers Co., Ltd.
through The English Agency (Japan) Ltd. and Qiantaiyang Cultural Development (Beijing) Co., Ltd.

森林侦探事件簿

出版发行：北京日报出版社

地　　址：北京市东城区东单三条 8-16 号东方广场东配楼四层

邮　　编：100005

电　　话：发行部：（010）65255876
　　　　　　总编室：（010）65252135

印　　刷：天津创先河普业印刷有限公司

经　　销：各地新华书店

版　　次：2023 年 5 月第 1 版
　　　　　　2023 年 5 月第 1 次印刷

开　　本：675 毫米 ×925 毫米　　1/16

印　　张：10.75

字　　数：100 千字

定　　价：42.00 元

版权所有, 侵权必究, 未经许可, 不得转载